# Korrekturzeichen
# und deren Anwendung

nach DIN 16511

2. vollständig überarbeitete Auflage 2006,
bearbeitet von Barbara Hoffmann

Herausgeber:
DIN Deutsches Institut für Normung e. V.

Beuth Verlag GmbH · Berlin · Wien · Zürich

Herausgeber: DIN Deutsches Institut für Normung e. V.

© 2006 Beuth Verlag GmbH
Berlin · Wien · Zürich
Burggrafenstraße 6
10787 Berlin

Telefon:  +49 30 2601-0
Telefax:  +49 30 2601-1260
Internet:  www.beuth.de
E-Mail:  info@beuth.de

Umschlaggestaltung: Beuth Verlag GmbH
Satz:   B & B Fachübersetzer GmbH
Druck:  MercedesDruck GmbH
Gedruckt auf säurefreiem, alterungsbeständigem Papier nach DIN 6738

ISBN 10: 3-410-16191-0
ISBN 13: 978-3-410-16191-2

# Inhalt

Seite

# Einleitung

Eine der ältesten DIN-Normen ist die der Korrekturzeichen, die bereits 1929 veröffentlicht und im Laufe der Zeit immer wieder den Erfordernissen der Praxis angepasst wurde. Zunächst waren sie nur für den Verkehr mit Druckereien und für die innerbetriebliche Anwendung in Druckereien gedacht. Im Laufe der Zeit wurden diese Regeln Allgemeingut, wozu auch die Aufnahme in den Duden beigetragen hat. Durch diese verbreitete Anwendung sind zum Teil Abwandlungen eingetreten und durch die Praxis neue Zeichen üblich oder alte überflüssig geworden. Dies erforderte eine Neubearbeitung von DIN 16511, die 1966 erfolgte und bis heute ihre Gültigkeit nicht verloren hat.

Auch im Zeitalter der Computer und Laserdrucker bedarf es der Verständigung über Korrekturen und Veränderung von Texten und Abbildungen, ob es sich nun um Buch- oder Redemanuskripte, Zeitungsartikel oder den normalen Briefwechsel einer Firma handelt. Für eine reibungslose Umsetzung stehen die genormten Korrekturzeichen, die wir Ihnen in diesem Ratgeber vorstellen möchten. Wir werden alle Korrekturzeichen der DIN 16511 erläutern, auch wenn einige antiquiert sind und nur noch im Bleisatz verwendet werden können.

Was bedeutet DIN eigentlich? DIN ist eine Abkürzung und gleichzeitig das Geschäftszeichen des Deutschen Instituts für Normung e. V. Das DIN mit Sitz in Berlin wurde 1917 gegründet und ist die nationale Normungsorganisation in Deutschland. Der Verein entwickelt in Zusammenarbeit mit Handel, Industrie, Wissenschaft, Verbrauchern und Behörden technische Standards (Normen) zur Rationalisierung und Qualitätssicherung. Darüber hinaus vertritt das DIN die deutschen Interessen in den internationalen Normungsgremien (ISO, IEC, CEN, CENELEC). Diese Funktion des DIN zusammen mit der Anerkennung als nationales Normungsinstitut wurde partnerschaftlich mit der Bundesregierung Deutschland im „Normenvertrag" am 5. Juni 1975 festgesetzt.

Die fachliche Arbeit der Normung wird in Arbeitsausschüssen bzw. Komitees des DIN durchgeführt. Für eine bestimmte Normungsaufgabe ist jeweils ein Arbeitsausschuss bzw. ein Komitee zuständig, die zugleich diese Aufgaben auch in den regionalen und internationalen Normungsorganisationen wahrnehmen. Im Regelfall sind mehrere Arbeitsausschüsse zu einem Normenausschuss im DIN zusammengefasst.

Nach der im April 2000 veröffentlichten Studie „Gesamtwirtschaftlicher Nutzen der Normung" trägt die Arbeit des DIN mit jährlich 16 Milliarden EUR zum Bruttoinlandsprodukt bei und stellt damit einen erheblichen Nutzen für die Wirtschaft dar. Die Normung bewirkt nach dieser Studie ein Drittel des Wirtschaftswachstums und stärkt letztendlich den Erfolg von Unternehmen mehr als durch Patente und Lizenzen.

# Warum genormte Korrekturzeichen?

Wenn ein Text verfasst wird, entstehen Schreibfehler. Es gibt kaum Briefe, Aufsätze, Abhandlungen oder Buchmanuskripte, die frei von ihnen sind. Die meisten Fehler beruhen auf Unkenntnis, Gleichgültigkeit oder Flüchtigkeit durch Zeitmangel. Daher ist es notwendig, Texte Korrektur zu lesen, eventuelle Veränderungen anzugeben und sie entsprechend auszuführen, um einen sachlich richtigen, sprachlich gewandten und bezüglich der Rechtschreibung einwandfreien Text zu produzieren, der ohne Bedenken an Dritte weitergeleitet oder gar gedruckt werden kann.

Viele Autoren und Verfasser machen sich die Mühe, in einem Begleitschreiben ausführlich anzugeben, welche Fehler sie im Text beziehungsweise der Satzfahne gefunden haben, wie diese zu berichtigen sind, wie und wo eine Textstelle geändert, gestrichen oder hinzugefügt werden soll. Diese Vorgehensweise ist keine Erleichterung für diejenigen, die die Korrekturen ausführen sollen – sei es die Sekretärin oder der Setzer –, sondern erschweren vielmehr deren Arbeit und führt oft zu ärgerlichen und manchmal auch peinlichen Missverständnissen.

Als Werkzeug für den Korrekturvorgang dienen die Korrekturzeichen nach DIN 16511, die eine reibungslose Kommunikation zwischen den Beteiligten ermöglichen und die Arbeit erleichtern.

Auch wenn alle an einem Text oder Druckwerk beteiligten Menschen mit größter Sorgfalt vorgehen, den Druckfehler- oder Schreibfehlerteufel wird man wohl nicht ausrotten können, weil die Vollkommenheit der Maschine begrenzt ist und weil es keinen unfehlbaren Menschen gibt. Doch ist mit den genormten Korrekturzeichen eine Kommunikation möglich, die Fehlerquellen reduzieren hilft.

# Die häufigsten Fehlerquellen

Auch dem eloquentesten Autor/Verfasser unterlaufen Fehler in der Rechtschreibung, Anachronismen und Stilblüten. Sie sind die häufigsten Fehlerquellen.

Eine weitere Fehlerquelle sind Diktatmängel, also Sprech- und Hörfehler, oder ganz einfach Tippfehler.

Handelt es sich um ein gedrucktes Werk, kann der Maschinensatz eine weitere Fehlerquelle sein (obwohl heute die meisten Autoren ihre Texte selbst am Computer schreiben). Auch der Korrektor kann wie der Setzer optischen Irrtümern und Denkfehlern unterliegen. Hinzu kommen die meist hektischen Bedingungen, unter denen in Druckereien gearbeitet wird, und die möglichen Fehlern Vorschub leisten.

Obwohl die meisten Fehler aus Regelverletzungen der deutschen Rechtschreibung bestehen, werden diese Regeln hier nicht ausführlich behandelt, weil deren Kenntnis im Allgemeinen vorausgesetzt wird. Wer jedoch in Einzelfragen unsicher ist, sollte den Duden (Band Rechtschreibung, letzte Ausgabe) zu Rate ziehen.

Die meisten Fehler in der Rechtschreibung sind:

- Satzzeichenfehler (vor allem Kommafehler),
- Unsicherheit in der Getrennt- und Zusammenschreibung,
- Beugungsfehler,
- Verwechslungen von Einzahl und Mehrzahl,
- irritierende Anwendung der rückbezüglichen Fürwörter,
- Verstöße gegen die regelgerechte Groß- und Kleinschreibung,
- Unklarheit in der Prägung von Titelbegriffen,
- Missachtung der rechtschreiblichen Einheitlichkeit,
- falsche Trennungen am Zeilenschluss,
- willkürlich gewählte Abkürzungen,
- falsche Schreibung von Fremdwörtern.

Fehler dieser Art sind keine Nebensächlichkeiten, sondern beeinträchtigen die Qualität eines Textes und sollten behoben werden.

Die Freizügigkeit in Bezug auf die Rechtschreibung erlaubt in einem gewissen Maß Regelabweichungen, von denen jedoch nur routinierte Schreiber Gebrauch machen sollten. Vorteilhaft ist es, derartige Sonderwünsche ausdrücklich anzugeben.

Bei textlichen Korrekturen in einem Satzteil wird oft vergessen, auch den weiteren Satzverlauf entsprechend zu berichtigen. Darauf muss unbedingt geachtet werden.

Es treten beim Korrekturlesen immer wieder Fälle auf, die nicht sofort geklärt werden können, zum Beispiel eine nicht zu entziffernde Handschrift; in keinem Nachschlagewerk auffindbare oder verschiedenartig geschriebene Bezeichnungen; stilistische Entgleisungen,

Anachronismen (Zeitwidrigkeiten) oder Namensirrtümer. In diesen Fällen ist ein farbiges Fragezeichen auf dem **linken** Papierrand zweckmäßig. Es gehört jedoch unbedingt eine kurze Notiz dazu, damit ein anderer oder der Autor/Verfasser weiß, was das Fragezeichen bedeutet.

Erklärende Vermerke und sonstige Bearbeitungshinweise, die nicht als unmittelbare Korrekturen anzusehen sind, werden ebenfalls auf dem **linken** Papierrand angegeben und mit Doppelklammern versehen.

# Hauptregeln der Korrekturzeichen nach DIN 16511

- Die Eintragungen sind so deutlich vorzunehmen, dass kein Irrtum entstehen kann.

- Jedes eingezeichnete Korrekturzeichen ist am Papierrand zu wiederholen. Die erforderliche Änderung ist rechts neben das wiederholte Korrekturzeichen zu schreiben, sofern das Zeichen nicht (wie zum Beispiel ⌐‾⌐, ‾‾‾) für sich selbst spricht. Das Einzeichnen von Korrekturen innerhalb des Textes ohne den dazugehörenden Randvermerk ist unbedingt zu vermeiden. Das an den Rand Geschriebene muss in seiner Reihenfolge mit den innerhalb der Zeile angebrachten Korrekturzeichen übereinstimmen und in möglichst gleichem Abstand neben den betreffenden Zeilen untereinander stehen.

- Bei mehreren Korrekturen innerhalb einer Zeile sind unterschiedliche Korrekturzeichen anzuwenden. Ergeben sich in einem Absatz umfangreichere Korrekturen, wird das Neuschreiben des Absatzes empfohlen.

- Jede größere Änderung verändert den Zeilenumbruch. Um zusätzliche Arbeit am Layout einzuschränken, ist darauf zu achten, dass die bisherigen Zeilenübergänge nach Möglichkeit erhalten bleiben.

- Erklärende Vermerke zu einer Korrektur sind durch Doppelklammern zu kennzeichnen.

- Es wird empfohlen, die Korrekturen farbig anzuzeichnen.

- Jeder gelesene Satzabzug beziehungsweise jede Seite ist zu signieren.

# Die genormten Korrekturzeichen

Die Neuausgabe der Deutschen Norm für Korrekturzeichen (DIN 16511) wurde in Gemeinschaft mit der Bundesspartenleitung deutscher Korrektoren in der Industriegewerkschaft Druck und Papier und der Dudenredaktion aufgestellt und im Januar 1966 veröffentlicht. Ihre Texte entsprechen daher nicht den neuen Regelungen der Rechtschreibreform, die am 1. August 1998 in Kraft trat und nach Ablauf einer Übergangsfrist im August 2005 allein verbindlich wurde. An der Gültigkeit der Korrekturzeichen hat sich jedoch nichts geändert.

Die Anwendung der Korrekturzeichen ist wesentlich leichter, als beim ersten Blick auf das Normblatt DIN 16511 zu vermuten ist. Im Wesentlichen kommt es darauf an, die Korrekturen so deutlich auf den **rechten** Papierrand eines Manuskripts, einer Satzfahne, der Korrekturseite oder dem Kontrollabzug zu schreiben, dass kein Irrtum bei der Bearbeitung entstehen kann.

Die häufigsten Korrekturen beziehen sich auf **Buchstabenfehler**. Das Grundzeichen dafür ist die senkrechte Durchstreichung, ganz gleich, ob es sich um einen falschen, überflüssigen, fehlenden Buchstaben, um ein Satzzeichen oder um eine einzeln stehende Ziffer handelt.

Das Korrekturzeichen wird auf dem rechten Papierrand wiederholt und bei falschen Buchstaben der richtige dahintergeschrieben. Das Gleiche gilt für eine falsche Ziffer.

Mehrere derartige Fehler in einer Zeile werden durch das mit „Fähnchen" erweiterte Grundzeichen (senkrechte Durchstreichung) markiert.

Mit der **Reihenfolge** der Korrekturzeichen ist die Übereinstimmung der Randvermerke mit den Korrekturzeichen innerhalb einer Zeile gemeint. Dies wird oft so missverstanden, dass das Grundzeichen in den aufeinander folgenden Zeilen variiert wird. Gemeint ist jedoch nur die zu jeweils einer Zeile gehörende Reihenfolge.

Der Vermerk „siehe oben" oder „siehe unten" für dieselbe, bereits an anderer Stelle vorgenommene Fehlerkorrektur ist zu vermeiden, weil das Suchen danach Zeitverlust bedeutet, abgesehen von möglichen Irrtümern. Die Korrektur ist jedes Mal anzubringen.

**1. Falsche Buchstaben oder Wörter** wurden durchgestrichen und am Papierrand mit die richtigen ersetzte; versehentlich umgedrehte Buchstaben werden in gleicher Weise angezeichnet.

Kommen in einer Zeile mehrere solcher Fehler vor, so erhalten sie ihrer Reihenfolge nach unterschiedliche Zeichen.

**2. Überflüssige Buchstaben oder Wörter** werden durchgestrichen ~~durchgestrichen~~ und am Papierrand durch ℐ (Abkürzung für deleatur = „es werde getilgt") angezeichnet.

Bei fehlenden Buchstaben wird die vorangehende oder nachfolgende Letter senkrecht durchstrichen und am rechten Rand zusammen mit dem fehlenden Buchstaben wiederholt.

Es empfiehlt sich, die ganze Silbe oder das ganze Wort richtig auf den Rand zu schreiben, weil es die Korrektur übersichtlicher macht.

Das Gleiche gilt für die Korrektur von **Zifferngruppen**. Es ist vorteilhafter, die ganze Zahl richtig auf den Rand zu schreiben, anstatt innerhalb der Ziffergruppe nur eine Ziffer durchzustreichen oder das Umstellungszeichen „hineinzumalen".

**3. Fehlende Buchstaben** werden angezeichnet, indem der vorangehende oder der folgende Buchstabe durchgestrichen und am Rand zusammen mit dem fehlenden Buchstaben wiederholt wird. Es kann auch das ganze Wort der die Silbe durchgestrichen und am Rand berichtigt werden.

Beim Anzeichnen von **Satzzeichen** wird, anders als bei Buchstaben, das Winkelzeichen (senkrechter Strich mit „Fähnchen") empfohlen. Bei einfachem Durchstreichen kann zum Beispiel ein Anführungszeichen, das ja aus zwei nebeneinander stehenden Häkchen („bzw.") besteht, nicht ganz getroffen und dadurch die Korrektur im Zusammenhang mit anderen Satzzeichen missverstanden werden.

**4. Fehlende oder überflüssige Satzzeichen** werden wie fehlende oder überflüssige Buchstaben angezeichnet.

*Beispiele: Satzzeichen beispielsweise Komma oder Punkt*
   *„Die Ehre ist das äußere Gewissen" heißt es bei Schopen*
   *hauer „und das Gewissen die innere Ehre."*

**5. Beschädigte Buchstaben** werden durchgestrichen und am Rand einmal unterstrichen.

Fälschlich **aus anderer Schrift gesetzte Buchstaben** werden am Rand zweimal unterstrichen.

**Verschmutzte** Buchstaben und zu **stark** erscheinende Stellen werden umringelt. Dieses Zeichen wird am Rand wiederholt.

**Neu zu setzende Zeilen.** Zeilen mit porösen oder beschädigten Stellen erhalten einen waagerechten Strich. Ist eine solche Stelle nicht mehr lesbar, wird sie durchgestrichen und ~~deutlich~~ an den Rand geschrieben.

Verlangt die **Zusammenschreibung** gleichzeitig die **Tilgung eines Bindestrichs**, wird der senkrechte Strich oben und unten mit schließendem Bogen versehen. Als Randvermerk erscheinen dann der senkrechte Strich, das Tilgungszeichen und das Zeichen für die Zusammenschreibung. Verlangt die Tilgung eines Bindestrichs gleichzeitig eine **Getrenntschreibung**, erscheinen als Randvermerk ebenfalls der senkrechte Strich, das Tilgungszeichen und das Zeichen für den Zwischenraum.

Die Streichung eines Buchstabens kann insbesondere bei Fremdwörtern und Eigennamen missverstanden werden. Deshalb wird auch hier das Zeichen für die Getrennt- und Zusammenschreibung hinzugefügt.

**6.** Wird nach **Streichung eines Bindestriches oder Buchstabens** die Getrennt- oder Zusammenschreibung der verbleibenden Teile zweifelhaft, so ist wie folgt zu verfahren:

*Beispiele: Ein blendend-weißes\* Kleid, der Schnee war blendend weiß; la couronne*

**Ligaturen** sind zusammengegossene Buchstaben wie zum Beispiel ff, fi oder ft, deren Verwendung nicht zwingend vorgeschrieben ist. Innerhalb eines Druckwerks sollte jedoch einheitlich verfahren werden.

Eine andere Art von Ligaturen sind so genannte Logotypen. Darunter versteht man unter anderem die Großbuchstaben T, V, W mit angegossenem Ansatzbuchstaben (zum Beispiel Te, Ve, We), um die sonst vorhandene Lücke zu vermeiden (T e, V e, W e).

Auf die Anwendung von Ligaturen und Logotypen wird vorzugsweise im gepflegten Werk- und Akzidenzsatz Wert gelegt.

**7. Ligaturen** (zusammengegossene Buchstaben) werden verlangt, indem man die fälschlich einzeln gesetzten Buchstaben durchstreicht und am Rand mit einem darunter befindlichen Bogen wiederholt.

Fälschlich gesetzte Ligaturen werden durchgestrichen, am Rand wiederholt und durch einen Strich getrennt.

*Beispiel: Auflage*

\* Dieses Beispiel aus DIN 16511 wird nach neuer Rechtschreibung nicht mehr zusammengeschrieben, zeigt aber dennoch an, wie zu verfahren wäre.

Das waagerechte Durchstreichen macht die Korrektur von Wörtern oder Silben mit mehr als zwei **verstellten Buchstaben** deutlicher als das senkrechte Durchstreichen. In solchen Fällen (auch bei verstellten Ziffern in einer Ziffergruppe) ist das Umstellungszeichen unzweckmäßig. Es wird nur bei zwei verstellten Wörtern angewendet.

Befinden sich mehrere Korrekturen mit waagerechter Durchstreichung in einer Zeile, dann wird das Grundzeichen variiert (vergleiche Randbeispiel zu Nummer 23).

Sind in einer Zeile mehrere unmittelbar aufeinander folgende falsche Wörter, Silben oder Ziffergruppen, dann werden diese Stellen nicht einzeln, sondern in einem Zug waagerecht durchstrichen und auf dem rechten Rand neu geschrieben. Auch bei größeren Umstellungen ist es besser, das Betreffende neu zu schreiben; man kann jedoch die neue Reihenfolge der Wörter auch durch Ziffern kennzeichnen.

**8. Verstellte Buchstaben** werden durchgestrichen und am Rand richtig angegeben.

*en*

*geb*

**Verstellte Wörter** werden das durch Umstellungszeichen berichtigt. Die Wörter werden bei größeren Umstellungen beziffert.

*d* *B 1–7*

**Verstellte Zahlen** sind immer ganz durchzustreichen und in der richtigen Ziffernfolge an den Rand zu schreiben.

*Beispiel:* 1694

*1964*

An die Stelle eines **fehlenden Satzteils** kommt das Winkelzeichen. Bei geringfügiger Auslassung wird hinter das Winkelzeichen das Fehlende auf den Rand geschrieben.

Größere Auslassungen erhalten hinter dem Winkelzeichen den Hinweis auf die Manuskriptseite (zum Beispiel: s. Ms. S. 12). Das Manuskript mit der entsprechend markierten Stelle wird dem Satzabzug beigefügt.

**9. Fehlende Wörter** sind in der Lücke durch Winkelzeichen kenntlich zu machen und am anzugeben.

*Papierrand*

Bei größeren Auslassungen wird auf die Manuskriptseite verwiesen. Die Stelle ist auf dem Manuskript zu markieren.

*Beispiel: Die Erfindung Gutenbergs ist Entwicklung.*

*s. Ms. S. 12*

Auch für falsche und schlechte **Trennungen** ist die senkrechte Durchstreichung anzuwenden, und zwar am Ende der betreffenden ersten Zeile und am Anfang der nächsten Zeile.

**10. Falsche Trennungen** werden am Zeilenschluss und am folgenden Zeilenanfang angezeichnet.

*de*

Ungleichmäßige **Wortzwischenräume** widersprechen dem typographischen Grundsatz, ein schönes, ruhiges Satzbild zu erzielen. Das gilt nicht nur für die Verteilung des Füllmaterials innerhalb der Zeile, sondern auch für die Zeilenfolge. Zeilen, die unachtsam wechselnd teils zu eng, teils zu weit gesetzt wurden, sind auszugleichen. (Im Zeitungssatz wird weniger Rücksicht darauf genommen.)

**11. Fehlender Wortzwischenraum** wird durch ⎣, zu enger Zwischenraum durch Υ, zu weiter Zwischenraum durch Υ angezeichnet.

*Beispiel: So weit du gehst, die Füße laufen mit.*

Ein Doppelbogen gibt an, dass der Zwischenraum ganz wegfallen soll.

Das Zeichen für gewünschte **andere Schrift** ist dem für **sperren** oder **nicht sperren** gleich. Die betreffende Stelle wird unterstrichen, hinter dem Randzeichen wird die Schriftart angegeben, nicht auf dem Strich.

Ist an die Stelle des Hervorhebens durch andere Schrift oder durch Sperrung ein Satzteil mit Unterstreichungslinie zu drucken, dann wird dieser innerhalb der Zeile ebenfalls unterstrichen. Auf dem Rand wird hinter den wiederholten Strich geschrieben: unterstreichen!

**12. Andere Schrift** wird verlangt, indem man die betreffende Stelle unterstreicht und die gewünschte Schrift am Rand vermerkt.

**13. Die Sperrung** oder Aufhebung einer Sperrung wird — wie beim Verlangen einer a n d e r e n Schrift — durch Unterstreichen angezeichnet.

Die „tanzenden Zeilen" sind ein satztechnischer Mangel.

Auch die Einfügungen in anderer Schrift müssen innerhalb der Zeile mit der Grundschrift Linie halten.

**14. Nicht Linie haltende Stellen** werden durch parallele Striche angezeichnet.

Bei mitgedruckten größeren Füllstücken (Regletten* und Quadraten*) genügt das für sich selbst sprechende Randzeichen.

**15. Unerwünscht mitdruckende Stellen** (zum Beispiel Spieße) werden unterstrichen und am Rand mit Doppelkreuz angezeichnet.

* satztechnische Begriffe

10

Mit Korrekturen, die innerhalb einer vollen Zeile einen neuen **Absatz** verlangen, sollte sparsam umgegangen werden, weil sie oft viel Arbeit (Neusatz) verursachen. Das Gleiche gilt für das Anhängen eines Absatzes (vergleiche Nummer 17).

Wenn alles ohne Einzug gesetzt wird und wenn die letzte Zeile des vorhergehenden Absatzes voll ausläuft, kann das Zeichen für einen neuen Absatz auch mit der Angabe „Leerzeile" versehen werden.

**16. Ein Absatz** wird durch das Zeichen _⌐ im Text und am Rand verlangt.

Beispiel: *Die ältesten Drucke sind so gleichmäßig schön ausgeführt, dass sie die schönste Handschrift übertreffen. Die älteste Druckerpresse scheint von der, die uns Jost Amman im Jahre 1568 im Bilde vorführt, nicht wesentlich verschieden gewesen zu sein.*

**17. Das Anhängen eines Absatzes** wird durch eine verbindende Schleife verlangt.

Beispiel: *Diese Presse bestand aus zwei Säulen, die durch ein Gesims verbunden waren. In halber Mannshöhe war auf einem verschiebbaren Karren die Druckform befestigt.*

Ist eine Zeile auf volle Satzbreite nach rechts zu erweitern, wird das für einen zu tilgenden **Einzug** geltende Zeichen sinngemäß umgekehrt verwendet: ———|

**18. Zu tilgender oder zu verringernder Einzug** erhält das Zeichen ├———.

Beispiel: ├——— *Das Auge an die Beurteilung guter Verhältnisse zu gewöhnen, erfordert jahrelange Übung.*

**Absätze** und **Einzüge** betreffen den Sinngehalt. Der Leser soll Ruhepunkte haben.

**19. Fehlender oder zu erweiternder Einzug** erhält das Zeichen ⌐.

Beispiel: *Der Einzug bleibt im ganzen Buch gleich groß, auch wenn einzelne Absätze oder Anmerkungen in kleinerem Schriftgrad gesetzt sind.*

**Verstellte (versteckte) Zeilen** erhalten direkt an ihrem Ausgang einen einfachen waagerechten Strich mit Nummerierung der richtigen Reihenfolge. Es ist unzureichend, die Nummerierung ohne den Strich anzubringen.

Fehlerkorrekturen zu den betreffenden Zeilen gehören mit kleinem Abstand hinter die Nummerierung.

**20. Verstellte (versteckte) Zeilen** werden mit waagerechten Randstrichen versehen und in der richtigen Reihenfolge nummeriert.

Beispiel: *Sah ein Knab' ein Röslein stehn,* ——————— *1*

*lief er schnell, es nah zu sehn,* ——————— *4*

*war so jung und morgenschön,* ——————— *3*

*Röslein auf der Heiden,* ——————— *2*

*sah's mit vielen Freuden. Goethe.* ——————— *5*

Wenn es sich nur um die Gleichmäßigkeit der **Zeilenabstände** (Durchschuss) handelt, genügen die Zeichen für fehlenden oder zu großen Durchschuss. Bei unterschiedlichen Zeilenabständen (wie im Akzidenzsatz) wird die gewünschte Durchschussänderung in typographischen Punkten dazugeschrieben.

**21. Fehlender Durchschuss** wird durch einen zwischen die Zeilen gezogenen Strich mit nach außen offenem Bogen angezeichnet.

**Zu großer Durchschuss** wird durch einen zwischen die Zeilen gezogenen Strich mit einem nach innen offenen Bogen angezeichnet.

Das Winkelzeichen wird auch für **erklärende Vermerke** benutzt. Der Wortlaut erklärender Vermerke wird in Doppelklammern und nach Möglichkeit auf dem **linksseitigen** Rand und andersfarbig als die eigentlichen Korrekturen geschrieben.

**22. Erklärende Vermerke** zu einer Korrektur sind durch Doppelklammer zu kennzeichnen.

⌐ *((hier fehlt*
*Ms.-Anschluss))*

Beispiel: *Die Vorstufen der Buchstabenschriften waren die Bilder-* *schriften.⌐Alphabet als der Stammmutter aller abendlän-* *dischen Schriften schufen die Griechen.*

Ist sich der Korrektor unsicher, wie ein Satzstück/Wort richtig heißt, zeichnet er eine so genannte Blockade ein: Dafür benutzt er die Zeichen ⊠ oder ■, die das Unklare auffällig kennzeichnen. Diese Zweifelsfälle werden vom Korrektor manchmal im Manuskript mit Fragezeichen oder einem Vermerk gekennzeichnet.

Die Blockade ist auch für Seiten-, Abbildungs- und Tabellenhinweise anzuwenden, die erst im Umbruch, das heißt nach Fertigstellung der Druckseiten, richtig eingesetzt werden können.

**23. Für unleserliche oder zweifelhafte Manuskriptstellen**, die noch nicht blockiert sind, wird vom Korrektor eine Blockade verlangt (⊠).

Beispiel: *H̶y̶l̶a̶d̶e̶n̶ sind Insekten mit unbeweglichem Prothorax* *(s. S⊢.⌐.).*

Ist eine Korrektur versehentlich angegeben worden, wird das betreffende Wort unterpunktiert, das heißt, es bleibt bestehen, und die Korrektur am Rand ist durchzustreichen.

Erweist es sich, dass eine Korrektur versehentlich in dieser Art ungültig gemacht wurde – also nun doch ausgeführt werden soll –, dann ist der richtige Wortlaut erneut auf den Rand zu schreiben.

**24. Irrtümlich Angezeichnetes** wird unterpunktiert. Die Korrektur am Rand ist durchzustreichen.

# Zusätzliche Korrekturzeichen

Neben den im Normblatt 16511 enthaltenen Korrekturzeichen gibt es noch andere, nicht genormte Zeichen, von denen nachstehend einige dargestellt sind.

mmmmmmmmmmmm
mmmmmm
mmmmmmmm
mmmmmmmmmmmm

Zeichen für Veränderungen im Flattersatz (wie für einen gewünschten neuen Absatz).

mmmmmmmmmmm-
mmmmmmmmmmm-
mmmmmmmmmmm-
mmmmmmmmmmm-
mmmmmmmmmmm-
mmmmmmmmmmm-

*6 Trennungen*

Nach Möglichkeit soll vermieden werden, dass mehr als drei Silbentrennungen am Zeilenende aufeinander folgen. Folgen mehr aufeinander, wird das in nebenstehender Weise gekennzeichnet. Das bedeutet: Dem Setzer beziehungsweise Bearbeiter wird es überlassen, wie er das Problem löst.

*h'fett*

mmmmmmmmmm
mmmmmmmmmm
mmmmmmmmmm
mmmmmmmmmm

Der Längsstrich bezeichnet, dass mehrere Zeilen (mitunter die eines ganzen Absatzes) in einer anderen Schrift gesetzt werden sollen. Der waagerechte Strich auf dem Rand [12] wäre in diesem Falle ungünstig. Zudem ist der linksseitige Fahnenrand für den Längsstrich mit Vermerk besser geeignet, weil die betreffenden Zeilen außerdem fehlerhaft sein können und die dazugehörigen Korrekturen auf den rechten Rand zu schreiben sind.

mmmmmmmmmmmmm
mmmmmmmmmmmmm
mmmmmmmmmmmmm
mmmmmmmmmmmmm
mmmmmmmmmmmmm
mmmmmmmmmmmmm
mmmmmmmmmmmmm

Kennzeichnung versteckter Zeilen, die an weiter entfernte Stellen gehören. In diesem Fall wäre die sonst vorteilhafte Nummerierung [20] verwirrend.

mmmmmmmmmmmmm
mmmmmmmmmmmmm
mmmmmmmmmmmmm
mmmmmmmmmmmmm
mmmmmmmmmmmmm
mmmmmmmmmmmmm
mmmmmmmmmmmmm

*((nach S. 16))*

mmmmmmmmmmmmm
mmmmmmmmmmmmm
mmmmmmmmmmmmm
mmmmmmmmmmmmm
mmmmmmmmmmmmm
mmmmmmmmmmmmm
mmmmmmmmmmmmm

*((2 Zeilen von S. 17 hierher))*

16

17

Auf diese Weise werden versteckte Zeilen, die sich auf unterschiedlichen Seiten befinden, und ihre gewünschte Platzierung gekennzeichnet.

# Korrekturzeichen für Bilder nach DIN 16549-1

Nicht nur Texte, sondern auch Abbildungen müssen eventuell korrigiert werden.

Die DIN-Norm 16549-1 legt fest, wie durch einheitliches Anwenden von Korrekturzeichen Änderungen auf Vorlagen, Retuschen, Zeichnungen, an Probedrucken sowie Änderungen von digital gespeicherten Daten, an Filmen und an Druckformen konkret angegeben werden können.

Die Korrekturzeichen werden bei Vorlagen, Retuschen, Zeichnungen auf ein durchsichtiges Deckblatt (mit weichem Stift) und bei Probedrucken neben das Objekt geschrieben. Bei digital gespeicherten Daten, Druckformen und Druckzylindern werden sie in einer separaten Anweisung vermerkt.

| Zeichen | Erklärung |
|---|---|
| + | Verstärken (zum Beispiel eines gesamten oder begrenzten Rasterbereiches um den angegebenen Flächendeckungsgrad in Prozent) |
| ./. | Verringern (zum Beispiel eines gesamten oder begrenzten Rasterbereiches um den Flächendeckungsgrad in Prozent ) |
| $\sim$ | Angleichen (zum Beispiel von Ton- und Farbwert) |
| _(schärfen-Zeichen)_ | Schärfen (zum Beispiel Kontur und/oder Begrenzung schärfen) |
| P | Passer |
| _(Wegnehmen-Zeichen)_ | Wegnehmen (zum Beispiel eines genau bezeichneten Teiles) |
| ←↓↑→ | Verschieben (zum Beispiel eines Teiles in eine bestimmte Richtung in … mm) |
| _(Rotieren-Zeichen)_ | Rotieren (Änderung in angegebener Richtung in … Grad mit Angabe des Drehpunktes) |
| U | Umkehren (von negativ in positiv bzw. von positiv in negativ) |
| K | Kontern (von seitenrichtig zu seitenverkehrt bzw. umgekehrt) |
| ⌐← →⌐ | Größenänderung (neues Maß in mm in die Lücke einsetzen) |
| _(Über-/Unterfüllung-Zeichen)_ | Über-/Unterfüllung (Änderung in … mm) |
| Σ | Gesamtänderung (Angabe immer in Kombination mit einem anderen Zeichen) |

## Worauf beim Korrekturlesen auch immer geachtet werden sollte

Beim Korrekturlesen von Texten muss auf so vieles geachtet werden, dass es sinnvoll ist, es in mehreren Arbeitsschritten durchzuführen. Damit Sie nicht wichtige Details übersehen, bieten wir Ihnen hier eine Checkliste an, die Ihre Arbeit erleichtern soll:

## Checkliste für Manuskripte und Publikationen

- Ist der Titel des Werks korrekt geschrieben?
- Ist der Name des Herausgebers korrekt geschrieben?
- Sind die Namen der Autoren korrekt geschrieben?

- Sind die Autorennamen im Text mit denen im Inhaltsverzeichnis identisch?
- Sind die Kapitelüberschriften im Text mit denen im Inhaltsverzeichnis identisch?
- Sind die Seitenzahlen korrekt im Inhaltsverzeichnis angegeben?
- Ist die Nummerierung der Kapitel korrekt?
- Ist die Zitierweise einheitlich angewendet?
- Sind die Anmerkungsziffern in der korrekten Reihenfolge?
- Sind die Anmerkungen einheitlich platziert?
- Sind Eigennamen einheitlich geschrieben?
- Ist die Schreibweise nicht deutscher Eigennamen mit den (eventuell) notwendigen Sonderzeichen versehen?
- Sind Abkürzungen einheitlich verwendet?
- Sind Anführungszeichen einheitlich verwendet?
- Ist der Strich für „bis" und „gegen" korrekt eingesetzt?
- Sind eventuelle Querverweise (Seitenzahlen) ausgeführt?
- Sind die Bildunterschriften den Abbildungen korrekt zugeordnet?
- Sind die Bildquellen den Abbildungen korrekt zugeordnet?
- Sind (eventuelle) Kolumnentitel korrekt zugeordnet?
- Ist eine Danksagung vorgesehen und richtig platziert worden?
- Sind eventuelle Inserenten im Inserentenverzeichnis berücksichtigt?
- Impressum

## Checkliste Impressum

Impressum bedeutet bei Druckerzeugnissen einen Erscheinungsvermerk mit Angabe über den Verleger, Drucker und so weiter. Der Inhalt eines Impressums variiert erheblich: Ausstellungskatalog oder Belletristik, Tagungsband oder Lyrik, Kinderbuch mit Illustrationen oder übersetztes Sachbuch – die Erfordernisse an das Impressum sind unterschiedlich. Deshalb existieren hierfür keine verbindlichen Normen. Die Buchtitelangabe muss jedoch alle bibliographischen Hinweise und Leistungsschutzrechte beinhalten:

- Angabe der Auflage mit Erscheinungsjahr
- Copyright mit Erscheinungsjahr
- Umschlaggestaltung
- Quelle verwendeter Abbildungen für den Umschlag

- Satz und Druck
- ISBN
- Bei Übersetzungen: Titel der Originalausgabe mit Copyright und Erscheinungsjahr

## Checkliste für Akzidenzen

Unter Akzidenzsatz werden Gelegenheits- oder Kleindrucksachen verstanden wie zum Beispiel Formulare, Briefbögen, Rechnungsvordrucke, Warenkataloge, Kalender, Plakate, Flugblätter, Glückwunschkarten oder Einladungen.

- Ist die Firmenbezeichnung richtig und entspricht sie der Eintragung im Handelsregister?
- Ist die Adresse der Firma korrekt angegeben?
- Stimmt die Angabe der Nummern für Telefon, Fax, Bankverbindung, Postleitzahl und gegebenenfalls Postfach nach DIN 5008?
- Sind E-Mail-Adresse und Website korrekt angegeben?
- Steht das etwa vorhandene Markenzeichen/Logo wie gewünscht platziert und seitenrichtig?
- Sind Preisangaben und Artikelnummern in Ordnung?
- Sind die Bezeichnungen der Artikel einheitlich?
- Sind eventuell angegebene Öffnungszeiten oder andere Daten korrekt?
- Sind eventuell angegebene Verkehrsverbindungen korrekt?
- Sind bei mehrfarbigen Drucksachen die einzelnen Farben genau bestimmt?
- Ist die vollständige Angabe der Druckfirma/des Grafikers bzw. Grafikbüros erwünscht? (Für Plakate und manche andere Druckerzeugnisse bestehen pressegesetzliche Vorschriften.)

# Literaturhinweise

DIN 1302, *Allgemeine mathematische Zeichen und Begriffe*. Berlin, Dezember 1999.

DIN 1338, *Formelschreibweise und Formelsatz*. Berlin, August 1996.

DIN 1421, *Gliederung und Benummerung in Texten; Abschnitte, Absätze, Aufzählungen*. Berlin, Januar 1983.

DIN 1422, *Veröffentlichungen aus Wissenschaft, Technik, Wirtschaft und Verwaltung; Gestaltung von Manuskripten und Typoskripten*. Berlin, Februar 1983.

DIN 1505, *Titelangaben von Schrifttum; Abkürzungen*. Berlin, März 1978.

DIN 2330, *Begriffe und Benennungen; Allgemeine Grundsätze*. Berlin, Dezember 1993.

DIN 5007, *Ordnen von Schriftzeichenfolgen – Teil 1: Allgemeine Regeln für die Aufbereitung (ABC-Regeln)*. Berlin, August 2005.

DIN 5008, *Schreib- und Gestaltungsregeln für die Textverarbeitung*. Berlin, Mai 2005.

DIN 5009, *Diktierregeln*. Berlin, Dezember 1996.

| | |
|---|---|
| Duden | Die deutsche Rechtschreibung. Band 1, Mannheim 2004. |
| | Grammatik. Band 4, Mannheim 2005. |
| | Fremdwörterbuch. Band 5, Mannheim 2005. |
| | Richtiges und gutes Deutsch. Band 9, Mannheim 2005. |
| | Komma, Punkt und alle anderen Satzzeichen. Die neuen Regeln der Zeichensetzung mit umfangreicher Beispielsammlung. 4. überarbeitete Auflage, Mannheim 2002. |
| | Satz und Korrektur. Materialien. Mannheim 2003. |
| | Wörterbuch der Abkürzungen. Rund 40 000 nationale und internationale Abkürzungen und was sie bedeuten. 5. Auflage, Mannheim 2005. |
| Schneider, Wolf: | Deutsch für Kenner. Die neue Stilkunde. München 2005. |
| Sick, Sebastian: | Der Dativ ist dem Genitiv sein Tod. Ein Wegweiser durch den Irrgarten der deutschen Sprache. Köln 2004. |

Textor, A. M.: Sag es treffender. Ein Handbuch mit über 57 000 Verweisen auf sinnverwandte Wörter und Ausdrücke für den täglichen Gebrauch. 7. Auflage, Reinbek bei Hamburg, 2004.

| | Korrekturzeichen | **DIN**<br>**16 511** |

Proofmarks

*Die Neuausgabe dieser Norm ist in Gemeinschaft mit der Bundesspartenleitung deutscher Korrektoren in der Industrie-gewerkschaft Druck und Papier und der Dudenredaktion aufgestellt worden.*

## Zweck

Mit dieser Norm wird angestrebt, die Korrekturzeichen und ihre Anwendung zu verein-heitlichen. Sie dienen hauptsächlich der Verständigung zwischen graphischen Betrieben und ihren Auftraggebern sowie der Ausbildung.

## Hauptregeln

Die Eintragungen sind so deutlich vorzunehmen, daß kein Irrtum entstehen kann.

Jedes eingezeichnete Korrekturzeichen ist am Papierrand zu wiederholen. Die erforderliche Änderung ist rechts neben das wiederholte Korrekturzeichen zu schreiben, sofern das Zeichen nicht (wie z. B. ⌐⌐, ══) für sich selbst spricht. Das Einzeichnen von Korrek-turen innerhalb des Textes ohne den dazugehörenden Randvermerk ist unbedingt zu vermeiden. Das an den Rand Geschriebene muß in seiner Reihenfolge mit den innerhalb der Zeile angebrachten Korrekturzeichen übereinstimmen und in möglichst gleichem Abstand neben den betreffenden Zeilen untereinanderstehen.

Bei mehreren Korrekturen innerhalb einer Zeile sind unterschiedliche Korrekturzeichen anzuwenden. Ergeben sich in einem Absatz umfangreichere Korrekturen, wird das Neu-schreiben des Absatzes empfohlen.

Bei Zeilenmaschinensatz macht jede Änderung den Neusatz der Zeile erforderlich. Um den Neusatz einzuschränken, ist darauf zu achten, daß die bisherigen Zeilenübergänge nach Möglichkeit erhalten bleiben.

Erklärende Vermerke zu einer Korrektur sind durch Doppelklammern zu kennzeichnen.

Es wird empfohlen, die Korrekturen farbig anzuzeichnen. Jeder gelesene Satzabzug ist zu signieren.

Fortsetzung Seite 2 und 3
Erläuterungen Seite 4

Fachnormenausschuß Graphisches Gewerbe im Deutschen Normenausschuß (DNA)

21

## Anwendung

**1. Falsche Buchstaben oder Wörter** werden durchgestrichen und am Papierrand mit die richtigen ersetzt; versehentlich umgedrehte Buchstaben werden in gleicher Weise angezeichnet.

Kommen in einer Zeile mehrere solcher Fehler vor, so erhalten sie ihrer Reihenfolge nach unterschiedliche Zeichen.

**2. Überflüssige Buchstaben oder Wörter** werden durchgestrichen durchgestrichen und am Papierrand durch ℒ (Abkürzung für deleatur = „es werde getilgt") angezeichnet.

**3. Fehlende Buchstaben** werden angezeichnet, indem der vorangehende oder der folgende Buchstabe durchgestrichen und am Rand zusammen mit dem fehlenden Buchstaben wiederholt wird. Es kann auch das ganze Wort oder die Silbe durchgestrichen und am Rand berichtigt werden.

**4. Fehlende oder überflüssige Satzzeichen** werden wie fehlende oder überflüssige Buchstaben angezeichnet.

Beispiele: Satzzeichen beispielsweise Komma oder Punkt

„Die Ehre ist das äußere Gewissen heißt es bei Schopenhauer ...und das Gewissen die innere Ehre."

**5. Beschädigte Buchstaben** werden durchgestrichen und am Rand einmal unterstrichen.

Fälschlich **aus anderer Schrift gesetzte Buchstaben** werden am Rand zweimal unterstrichen.

**Verschmutzte Buchstaben und zu stark erscheinende Stellen** werden umringelt. Dieses Zeichen wird am Rand wiederholt.

**Neu zu setzende Zeilen.** Zeilen mit porösen oder beschädigten Stellen erhalten einen waagerechten Strich. Ist eine solche Stelle nicht mehr lesbar, wird sie durchgestrichen und deutlich an den Rand geschrieben.

**6.** Wird nach **Streichung eines Bindestriches oder Buchstabens** die Getrennt- oder Zusammenschreibung der verbleibenden Teile zweifelhaft, so ist wie folgt zu verfahren:

Beispiele: Ein blendend weißes Kleid. der Schnee war blendend weiß: la couronne

**7. Ligaturen** (zusammengegossene Buchstaben) werden verlangt, indem man die fälschlich einzeln gesetzten Buchstaben durchstreicht und am Rand mit einem darunter befindlichen Bogen wiederholt.

Fälschlich gesetzte Ligaturen werden durchgestrichen, am Rand wiederholt und durch einen Strich getrennt.

Beispiel: Auflage

**8. Verstellte Buchstaben** werden durchgestrichen und am Rand richtig angegeben.

**Verstellte Wörter** werden das durch Umstellungszeichen berichtigt. Die Wörter werden bei größeren Umstellungen beziffert.

**Verstellte Zahlen** sind immer ganz durchzustreichen und in der richtigen Ziffernfolge an den Rand zu schreiben.

Beispiel: 1694

**9. Fehlende Wörter** sind in der Lücke durch Winkelzeichen kenntlich zu machen und am anzugeben.

Bei größeren Auslassungen wird auf die Manuskriptseite verwiesen. Die Stelle ist auf dem Manuskript zu markieren.

Beispiel: Die Erfindung Gutenbergs ist Entwicklung.

**10. Falsche Trennungen** werden am Zeilenschluß und am folgenden Zeilenanfang angezeichnet.

22

**11.** **Fehlender Wortzwischenraum** wird durch ⌐ , zu enger Zwischenraum durch Y, zu weiter Zwischenraum durch ⌐ angezeichnet.

*Beispiel: So weit du gehst, die Füße laufen mit.*

Ein Doppelbogen gibt an, daß der Zwischenraum ganz weg fallen soll.

**12.** **Andere Schrift** wird verlangt, indem man die betreffende Stelle unterstreicht und die gewünschte Schrift am Rand vermerkt.

**13.** **Die Sperrung** oder Aufhebung einer Sperrung wird — wie beim Verlangen einer a n d e r e n Schrift — durch Unterstreichen angezeichnet.

**14.** **Nicht Linie haltende Stellen** werden durch parallele Striche angezeichnet.

**15.** **Unerwünscht mitdruckende Stellen** (z. B. Spieße) werden unterstrichen und am Rand mit Doppelkreuz angezeichnet.

**16.** **Ein Absatz** wird durch das Zeichen ⌐ im Text und am Rand verlangt.

*Beispiel: Die ältesten Drucke sind so gleichmäßig schön ausgeführt, daß sie die schönste Handschrift übertreffen. Die älteste Druckerpresse scheint von der, die uns Jost Amman im Jahre 1568 im Bilde vorführt, nicht wesentlich verschieden gewesen zu sein.*

**17.** **Das Anhängen eines Absatzes** wird durch eine verbindende Schleife verlangt.

*Beispiel: Diese Presse bestand aus zwei Säulen, die durch ein Gesims verbunden waren.*
*In halber Mannshöhe war auf einem verschiebbaren Karren die Druckform befestigt.*

**18.** **Zu tilgender oder zu verringernder Einzug** erhält das Zeichen ⊢—.

*Beispiel: ⊢— Das Auge an die Beurteilung guter Verhältnisse zu gewöhnen erfordert jahrelange Übung.*

**19.** **Fehlender oder zu erweiternder Einzug** erhält das Zeichen ⊏.

*Beispiel: Der Einzug bleibt im ganzen Buch gleich groß, auch wenn einzelne Absätze oder Anmerkungen in kleinerem Schriftgrad gesetzt sind.*

**20.** **Verstellte (versteckte) Zeilen** werden mit waagerechten Randstrichen versehen und in der richtigen Reihenfolge numeriert.

*Beispiel: Sah ein Knab' ein Röslein stehn, ————————— 1*
*lief er schnell, es nah zu sehn, ————————— 4*
*war so jung und morgenschön, ————————— 3*
*Röslein auf der Heiden, ————————— 2*
*sah's mit vielen Freuden. Goethe. ————————— 5*

**21.** **Fehlender Durchschuß** wird durch einen zwischen die Zeilen gezogenen Strich mit nach außen offenem Bogen angezeichnet.

**Zu großer Durchschuß** wird durch einen zwischen die Zeilen gezogenen Strich mit einem nach innen offenen Bogen angezeichnet.

**22.** **Erklärende Vermerke** zu einer Korrektur sind durch Doppelklammer zu kennzeichnen.

*Beispiel: Die Vorstufen der Buchstabenschriften waren die Bilderschriften. Alphabet als der Stammutter aller abendländischen Schriften schufen die Griechen.*

**23.** **Für unleserliche oder zweifelhafte Manuskriptstellen**, die noch nicht blockiert sind, wird vom Korrektor eine Blockade verlangt (⊠).

*Beispiel: H laden sind Insekten mit unbeweglichem Prothorax (s. S. .).*

**24.** **Irrtümlich Angezeichnetes** wird unterpunktiert. Die Korrektur am Rand ist durchzustreichen.

*Erläuterungen*

Die seit 1929 festgelegten Regeln für Korrekturzeichen waren nur für den Verkehr mit Druckereien und für die innerbetriebliche Anwendung in Druckereien gedacht. Im Laufe der Zeit wurden diese Regeln Allgemeingut, wozu auch die Aufnahme in den Duden beigetragen hat.

Durch diese verbreitete Anwendung sind zum Teil Abwandlungen eingetreten und durch die Praxis neue Zeichen üblich oder alte überflüssig geworden. Dies erforderte eine Neubearbeitung von DIN 16511.

Gegenüber der Ausgabe 1929 ist der Abschnitt Z w e c k hinzugekommen und der weitere Text nur noch in die Abschnitte H a u p t r e g e l n und A n w e n d u n g unterteilt. Dabei wurde der Abschnitt Hauptregeln erweitert.

Im engen Zusammenhang mit Korrekturen steht das Manuskript. Geschriebenes Manuskript sollte einseitig in Schreibmaschinenschrift angelegt werden. Durch einwandfreie Manuskripte wird zusätzlicher Aufwand an Zeit und Kosten vermieden.

Die hauptsächlichen Stufen des Arbeitsablaufes für Korrekturen werden nachstehend kurz beschrieben. Zuerst wird in der Druckerei vom Korrektor an Hand der Vorlage die Hauskorrektur gelesen. Nach Erledigung der danach notwendigen Korrekturen erhält der Auftraggeber oder Autor Abzüge zum Lesen der Autor- bzw. Bestellerkorrektur. Wenn erforderlich, schließen sich weitere Korrekturen bis zur Druckgenehmigung (Imprimatur) an. Diese ist die für alle Beteiligten letztgültige Unterlage.

# ALLES DRAUF!

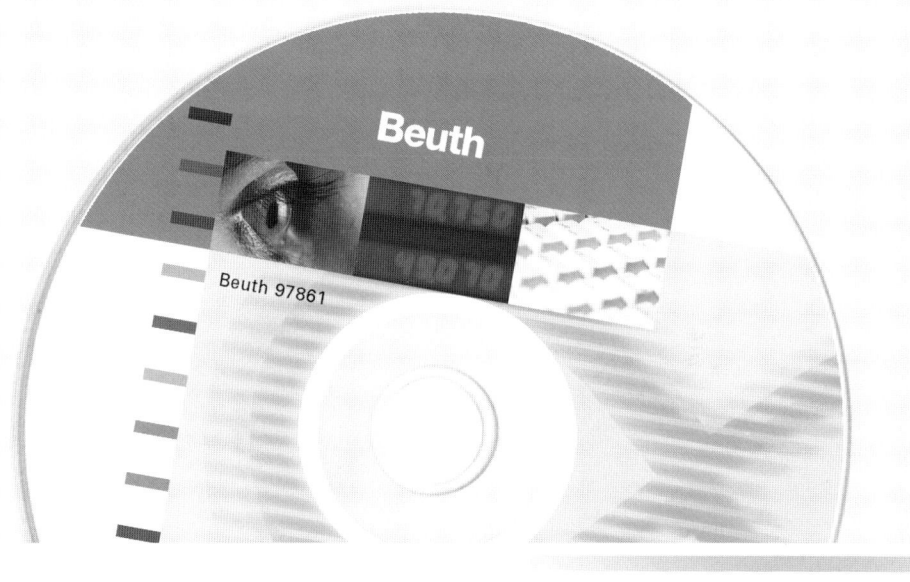

## Das Verlagsprogramm auf CD-ROM
## – komplett und kostenlos

▶ Beuth-Verlagskatalog

▶ Elektronische Medien
  – ausführliche Informationen
  – Demo-Versionen

▶ DIN-Tagungen & Seminare

**Bestell-Nr. 97861**

Telefon: 030 2601-2240
Telefax: 030 2601-1724
werbung@beuth.de
www.beuth.de

**Beuth**
Berlin · Wien · Zürich